小山的中国地理探险日志

U0166564

蔡峰——编绘 栗河冰——主审

四大平原

下卷

电子工业出版社
Publishing House of Electronics Industry
北京·BEIJING

图书在版编目（CIP）数据

小山的中国地理探险日志.四大平原.下卷 / 蔡峰编绘. -- 北京：电子工业出版社，2021.8
ISBN 978-7-121-41503-6

Ⅰ.①小… Ⅱ.①蔡… Ⅲ.①自然地理 – 中国 – 青少年读物 Ⅳ.①P942-49

中国版本图书馆CIP数据核字（2021）第128705号

责任编辑：季　萌
印　　刷：天津市银博印刷集团有限公司
装　　订：天津市银博印刷集团有限公司
出版发行：电子工业出版社
　　　　　北京市海淀区万寿路173信箱　邮编：100036
开　　本：889×1194　1/16　印张：36.25　字数：371.7千字
版　　次：2021年8月第1版
印　　次：2024年11月第8次印刷
定　　价：260.00元（全12册）

凡所购买电子工业出版社图书有缺损问题，请向购买书店调换。若书店售缺，请与本社发行部联系，联系及邮购电话：（010）88254888，88258888。

质量投诉请发邮件至zlts@phei.com.cn，盗版侵权举报请发邮件至dbqq@phei.com.cn。

本书咨询联系方式：（010）88254161转1860，jimeng@phei.com.cn。

四大平原

地球表面所呈现高低起伏的各种陆地形态被称为地形。根据不同的形态特征，地形通常分为五大类：平原、丘陵、山地、高原和盆地。世界上不同的大洲、不同的国家乃至不同的地区都分布有不同的地形类型。我国960万平方千米的辽阔国土，地势西高东低，呈三级阶梯状分布，在三个阶梯上分布有各类地形。现在我们就跟着小山先生去探识分布于第二和第三级阶梯的四大平原。

中国四大平原多由河流冲积而成，由北向南依序是：东北平原、华北平原、关中平原和长江中下游平原。平原地势低平，水源充沛，土壤一般都很肥沃，交通便利，所以往往成为农业和工商业发达的地区，人口也十分集中。中国许多大城市都建在平原上，如北京、上海、天津、广州等。

目 录

长江中下游平原

　　长江中下游平原指的是位于长江三峡以东的长江中下游沿岸带状平原，从巫山山脉向东展开，由长江及其支流冲积而成，面积约 20 万平方千米，海拔多在 50 米以下。其面积在中国位列东北平原、华北平原之后，地跨湖北、湖南、江西、安徽、江苏、浙江、上海等省市。长江中下游平原地势低平，河渠纵横，湖泊密布，是中国河网密度最大和淡水湖群分布最集中的地方，素有"水乡泽国"之称，是中国人口密度较高的地区之一。

洞庭湖平原，位于湖南省东北部,居**两湖平原**的南部。

两湖平原主要由长江通过松滋、太平、藕池、调弦四口输入的泥沙和洞庭湖水系湘江、资江、沅江、澧水等带来的泥沙冲积而成，面积约一万平方千米。

两湖平原

两湖平原位于长江中下游平原带，长江三峡以东、大别山以南，跨越湖北、湖南二省，包括江汉平原和洞庭湖平原的广大平原区域。有荆江、汉水、湘江、沅江、资江、澧水等大小河流穿过，因大部分处在湖北和湖南而得名。

湖广熟，天下足

两湖平原地势低平，湖泊众多，主要有洞庭湖、洪湖、长湖、三湖、黄塘湖、梁子湖等，河湖密布，土壤肥沃。重要城市有武汉市、长沙市、荆州市、岳阳市、株洲市、湘潭市、宜昌市、益阳市、常德市、仙桃市等。京广线、汉丹线、焦柳线、湘黔线等数条铁路在此通过。两湖平原盛产棉花、油菜、水稻等作物，因盛产稻米，自古有"湖广熟，天下足"之称。

在我国五大淡水湖泊中，**鄱阳湖**的生物资源最为丰富，生物量最大，珍稀濒危物种多，生物多样性也最高。

哈哈!

辽阔的湖滩、丰富的水草、繁多的浮游生物、肥沃的水质,为鱼类提供了良好的生活环境和充足的天然饵料。

鄱阳湖平原

鄱(pó)阳湖平原又称豫章平原,是以鄱阳湖为中心,由鄱阳湖水系(赣江、抚河、信江、修河、饶河等)冲积而形成的湖滨平原,是长江中下游平原的一部分。

名副其实的鱼米之乡

鄱阳湖平原地势平缓,海拔多在50米以下,边缘部分有相对高度20～30米的红土坡状地。此地属亚热带湿润气候,自然环境条件十分优越。无数的小湖泊星罗棋布,港汉纵横交错,河湖息息相通,沟渠密如蛛网。平原上稻田、菜畦、鱼塘、莲湖纵横交错,是江南的粮仓和棉花、油料、生猪等生产的重要基地,是名副其实的"水乡泽国"和"鱼米之乡"。

江苏省，是中国地势最低的省份。

绝大部分地区都在 50 米以下，基本上到处都是平原。

最低的要数这里的**江淮平原**，海拔仅 5～10 米。

属于亚热带季风气候。

平原区域的地势四周略高，中部较低，海拔高度只有2～4米。

江淮平原

江淮，指长江、淮河一带。江淮平原位于淮河以南、长江以北，主要由长江、淮河冲积而成。江淮平原由苏中平原和皖中沿江平原两部分组成，地势低洼，海拔一般不超过10米。受地质构造和上升运动的影响，沿江一带平原形成了2～3级阶梯，分布着众多的低山、丘陵和冈地。平原上水网交织，湖泊众多，著名的有洪泽湖、巢湖和高邮湖等，是我国著名的水稻产区，淡水渔业发达。

天下富庶之区

有了长江、淮河的滋润，江淮一带的土地肥沃，水利条件便利，加上气候温和，使农业得到较好发展，无形中也促进了当地手工业和商业的发展。江淮地区曾是中国古代经济文化最发达地区的代名词，古人曰，"天下赋税仰仗江淮"，"江淮自古为天下富庶之区也"。

太湖平原是**长江三角洲**的主体，其位于太湖流域，北起长江，东抵东海，南达钱塘江和杭州湾，西面以天目山及其支脉茅山与皖南山地、宁镇丘陵相隔开。

著名的苏州碧螺春、杭州龙井等茶叶的原产地就在太湖平原地区。

茶香扑鼻！

长江三角洲，位于中国长江的下游地区，濒临黄海与东海，地处江海交汇之地，是长江入海之前形成的冲积平原。

区域面积 35.8 万平方千米，如今是中国经济发展最活跃的区域之一。

长江三角洲

长江三角洲是一个由长江带来的泥沙冲淤而成的平原，包括上海市、江苏省、安徽省、浙江省全部区域，是世界著名河口三角洲之一，冲积层的厚度由西向东从几十米增加到 400 米。三角洲顶点在江苏省仪征附近，由此向东，大致沿扬州、泰州、海安、栟茶一线，是三角洲北界；由顶点向东南，沿大茅山、天目山东麓洪积冲积扇以迄杭州湾北岸，为其西南界和南界。

物产丰富的长江三角洲

长江三角洲物产丰饶，农业发达，盛产稻米、蚕桑和棉花，是中国著名的稻米产区。这里的水产资源丰富，仅太湖拥有的鱼类即达百种左右，阳澄湖、淀山湖则以螃蟹著称。矿产资源主要分布在江苏、浙江两省，有煤炭、石油、天然气和非金属矿产等。

地铁3

在长江中下游平原，还有许多人文景观，如湖南省岳阳市的岳阳楼，湖北省武汉市的黄鹤楼，江西省南昌市的滕王阁，江苏省南京市的中山陵，江苏省苏州市的苏州古典园林等。

岳阳楼、黄鹤楼与滕王阁并称为"江南三大名楼"，历代文人墨客为它们留下了许多千古绝唱，使得这三大名楼自古以来闻名遐迩。如李白的《黄鹤楼送孟浩然之广陵》："故人西辞黄鹤楼，烟花三月下扬州。孤帆远影碧空尽，唯见长江天际流。"同样知名的还有王勃的《滕王阁序》和范仲淹的《岳阳楼记》等。

苏州古典园林溯源于春秋，发展于晋唐，繁荣于两宋，全盛于明清，苏州素有"园林之城"的美誉。1997年，苏州古典园林中的拙政园、留园、网师园和环秀山庄被列入《世界遗产名录》；2000年，沧浪亭、狮子林、耦园、艺圃和退思园作为苏州古典园林的扩展项目也被列入《世界遗产名录》。

关中平原

  关中平原又称渭河平原，地处陕西中部，是陕西最富足的地方，也是中国最早被称为"天府之国"的地方。其东西长约 300 千米，平均海拔约 400 米，地势西高东低。其北部为陕北黄土高原，向南则是陕南山地、秦巴山脉，西起宝鸡，东至渭南，为陕西工农业发达、人口密集的地区。关中平原地势平坦，土壤肥沃，气候温暖，灌溉农业自古闻名，号称"八百里秦川"。由秦朝至唐朝，关中一直是中国的政治及经济中心，如今有西安、咸阳、宝鸡等大中城市。

  "关中"之名始于战国时期，因其东有函谷关（后改为潼关），西有大散关，南有武关，北有萧关，便将围拢在四关之中的地方称作"关中"。

潼关历史悠久，由东汉末曹操始设。

北临黄河，南依秦岭。"峰峦如聚，波涛如怒，山河表里潼关路。"

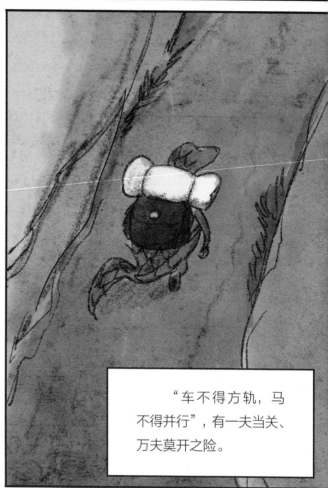

"车不得方轨，马不得并行"，有一夫当关、万夫莫开之险。

24

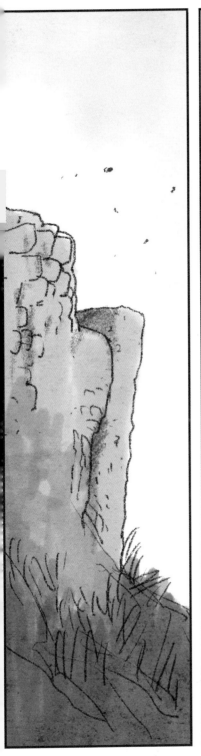

虽然只余断壁残垣，
当年雄关英姿不减。

潼关

东汉末年，曹操为预防关西兵乱，在公元196年设立潼关，并废弃函谷关。《水经注》载："河在关内南流潼激关山，因谓之潼关。"

兵家必争之地

潼关位于关中平原东部，雄踞陕西、山西、河南三省要冲，古人常以"细路险与猿猴争""人间路止潼关险"来形容其险峻。潼关是汉末以来东入中原和西进关中、西域的必经之地及关防要隘，素有"畿内首险""四镇咽喉"之誉。

潼关八景

潼关的自然环境奇特雄伟，造就了丰富的景观，著名的"潼关八景"包括雄关虎踞、禁沟龙湫、秦岭云屏、中条雪案、风陵晓渡、黄河春张、谯楼晚照、道观神钟。

《潼关吏》

（唐）杜甫

士卒何草草，筑城潼关道。

大城铁不如，小城万丈馀。

借问潼关吏，修关还备胡。

要我下马行，为我指山隅。

连云列战格，飞鸟不能逾。

胡来但自守，岂复忧西都。

丈人视要处，窄狭容单车。

艰难奋长戟，万古用一夫。

哀哉桃林战，百万化为鱼。

请嘱防关将，慎勿学哥舒。

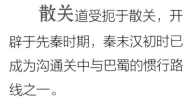散关道受扼于散关，开辟于先秦时期，秦末汉初时已成为沟通关中与巴蜀的惯行路线之一。

秦代在故道水源头附近设故道县，散关道经过故道县，并沿故道水而行，因而也得名"散关故道"。

散关道原是一条多栈阁道路。宋代时，这里的栈阁有近 3000 间。之后逐渐改栈道为碥路，路基坚实，所以承载和通行能力大有提高。

南宋诗人陆游曾留下描写散关的千古绝唱："楼船夜雪瓜洲渡，铁马秋风大散关。"

散关

散关又称大散关，为周朝散国之关隘，故称散关，位于今日陕西省宝鸡市南郊、秦岭北麓。散关山势险峻，层峦叠嶂，素有"秦蜀襟喉、川陕锁钥"之称，自古为兵家必争之地，具有很重要的战略位置。

名篇中的散关

据传，"老子西游遇关令尹喜于散关"，授《道德经》一卷。公元前206年，刘邦"明修栈道，暗度陈仓"就从这里经过。三国时期，曹操过大散关时写下诗句："晨上散关山，此道当何难！"诸葛亮北伐亦经此处，据《三国志》记载："（建兴六年）春，亮复出散关，围陈仓，曹真拒之。"因其特殊的地理位置和优美的自然风光，从古到今，有众多诗人对其咏出名篇佳句，如唐代的王勃、王维、岑参、杜甫、李商隐等，还有宋代的苏轼和陆游等。

武关道是历史上关中地区连接江汉地区的重要通道。

开辟于商末周初，在军事、政治、经济和文化方面发挥了重要作用。

武关则是这条通道上最为重要的关隘。

武关关址建立在狭谷间，关城周长 1.5 千米，城墙用土筑，略呈方形。

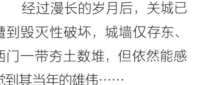

经过漫长的岁月后，关城已遭到毁灭性破坏，城墙仅存东、西门一带夯土数堆，但依然能感觉到其当年的雄伟……

武关

武关位于陕西省商洛市丹凤县东武关河的北岸，历史悠久，春秋时建置，名曰"少习关"，战国时改称"武关"，为"三秦要塞""秦楚咽喉"。关城建立在峡谷间一座较为平坦的高地上，北依高峻的少习山，南濒险要，山水环绕，险阻天成，曾被誉为"重关天塞控神州""关门不锁敌难犯""武关一掌闭秦中，襄郧江淮路不通"，自古为兵家必争之地。

武关八景传千秋

武关不仅是军事要塞，而且山水绮丽，旧曾有"八景"：余光返照、石桥古渡、笔山鹿鸣、砚水鱼跃、龙潭古寺、白岩仙迹、蟒冷神芝、玉泉串珠。历代文人墨客咏诗作赋者有韩愈、元稹、白居易、杜牧、岑参、李商隐、寇准等，留有不少脍炙人口的佳作。

萧关作为"关中四关"之一，汉唐时就是军事要地，统治者曾派重兵驻守，拱卫长安。

萧关故道是古丝绸之路的一部分。如果说长城是中华文化史上一条极为重要的文化带，那么，萧关亦是这一文化带上璀璨的一环。

萧关

萧关是历史上的著名关隘，在今宁夏固原东南，据六盘山山口依险而立，扼守自泾河方向进入关中的通道，为古时关中抗击西北游牧民族进犯的前哨，是关中西北方向的重要关口，屏护关中西北的安全。

最早的关口

萧关是在战国秦长城上建的关口，也是长城史上建造最早的关口之一，战略位置极为重要。萧关故道自战国、秦汉以来，一直是关中与北方的军事、经济、文化交往的主要通道。

流传千古的名篇

萧关出东南可直驱中原，北过黄河可直至草原，向西可通向甘肃、新疆等辽阔地域，自古便是出塞必经之地，无数诗人在此咏下名篇佳作。唐代王维的《使至塞上》中的名句"大漠孤烟直，长河落日圆"，便是作者途径萧关时对其景色的描绘。

塞上曲

（唐）王昌龄

蝉鸣空桑林，八月萧关道。
出塞入塞寒，处处黄芦草。
从来幽并客，皆共尘沙老。
莫学游侠儿，矜夸紫骝好。

地壳的变动

　　地球表面有高山、丘陵、平原、盆地、高原、河谷，浩瀚海洋的底部有海岭、海盆和深海沟，这些壮丽的自然景物在亿万年间曾经历过沧桑巨变。在山的断崖处，我们常会看到地表下面的岩石是成层叠置的，这叫地层。地层最初是水平叠置的，后来由于地壳的不断变动，破坏了原来的水平状态。所以，我们在山的断崖处常常见到岩层是倾斜着的，有的地方弯曲，有的地方岩层出现了错动。这就是岩层的变形和变位现象。使岩层变形和变位的力量来自地球内部，叫地壳运动的内力作用。

　　地质时期：一般以 46 亿年为界限，将地球历史分为两大阶段：46 亿年以前称为"天文时期"或"前地质时期"，46 亿年以后称为"地质时期"。

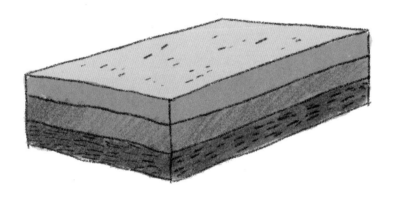

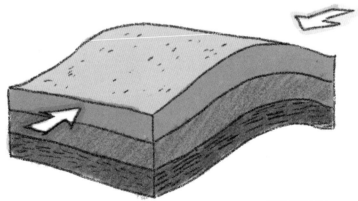
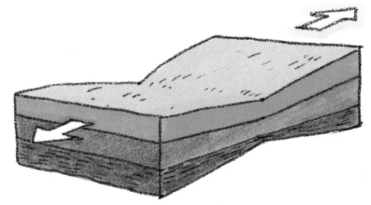

岩层受到挤压、拉伸发生变形

第四纪：第四纪指大约 240 万年以来的地质时期，其重要特点是发生了多次寒冷的大冰期。在这个时期的初期，出现了人类祖先，如北京猿人等。

冲积平原：河流的下游水流不像上游急速，从上游侵蚀了大量泥沙到了下游后，因流速不再足以携带泥沙，这些泥沙便沉积在下游。尤其当河流发生水浸时，泥沙在河的两岸沉积，冲积平原便逐渐形成。著名的冲积平原有亚马孙平原、长江中下游平原等。

冲积扇：河流出山口处的扇形堆积体。当河流流出谷口时，摆脱了侧向约束，其携带物质便铺散沉积下来。冲积扇是冲积平原的一部分，广义的冲积扇还包括在干旱区或半干旱区河流出山口处的扇形堆积体，即洪积扇。

三角洲：河口为河流终点，即河流注入海洋、湖泊或其他河流的地方。河口处断面扩大，水流速度骤减，常有大量泥沙沉积，因而形成三角形沙洲，称为三角洲。三角洲的顶部指向河流上游，外缘面向大海，可以看作三角形的"底边"。

中国的土壤类别：中国土壤资源丰富、类型繁多，世界罕见。按照较早的分类系统，中国主要土壤类型可概括为红壤、棕壤、褐土、黑土、栗钙土、漠土、潮土、灌淤土、水稻土、湿土（草甸、沼泽土）、盐碱土、岩性土和高山土等系列。

冲积平原

山前冲积平原

三角洲平原